CONFÉRENCES
DE L'EXPOSITION UNIVERSELLE INTERNATIONALE DE 1889.

L'HÉRÉDITÉ
CHEZ LES VÉGÉTAUX,

PAR

M. HENRY L. DE VILMORIN,

PRÉSIDENT DE LA SOCIÉTÉ DE BOTANIQUE, VICE-PRÉSIDENT DE LA SOCIÉTÉ D'HORTICULTURE.

23 SEPTEMBRE 1889.

PARIS.
IMPRIMERIE NATIONALE.

M DCCC XC.

L'HÉRÉDITÉ CHEZ LES VÉGÉTAUX.

CONFÉRENCES
DE L'EXPOSITION UNIVERSELLE INTERNATIONALE DE 1889.

L'HÉRÉDITÉ
CHEZ LES VÉGÉTAUX,

PAR

M. HENRY L. DE VILMORIN,

PRÉSIDENT DE LA SOCIÉTÉ DE BOTANIQUE, VICE-PRÉSIDENT DE LA SOCIÉTÉ D'HORTICULTURE.

23 SEPTEMBRE 1889.

PARIS.

IMPRIMERIE NATIONALE.

M DCCC XC.

L'HÉRÉDITÉ CHEZ LES VÉGÉTAUX.

Il serait superflu d'insister sur l'importance du sujet que j'ai entrepris de traiter devant vous.

Dans les végétaux comme ailleurs, c'est l'hérédité qui fait la continuité des races.

C'est elle qui fait qu'on peut parler de toute une espèce comme d'un individu unique. Quand on dit le chêne, chacun se représente l'arbre noueux, massif, vigoureux, qui résiste victorieusement aux tempêtes.

C'est par le fait de l'hérédité que la végétation d'un pays, d'une localité donnée conserve son aspect spécial, et que des descriptions des auteurs antiques, des paysages de peintres déjà anciens, représentent encore exactement les scènes qu'ils ont voulu reproduire.

Sans l'hérédité, nos notions sur les végétaux seraient toujours incertaines et l'étude en serait sans cesse à refaire. L'expérience des générations précédentes ne nous serait de nul profit; nous serions exposés à trouver une odeur déplaisante là où nous cherchons un parfum, un poison là où nous pensions trouver une nourriture saine.

Et, d'un autre côté, c'est aussi l'hérédité qui accumule dans les plantes les qualités acquises par l'influence des milieux et surtout par les soins de l'homme, et c'est à elle que nous devons pour une bonne part toutes les races de plantes cultivées qui servent à la satisfaction de nos besoins et à l'embellissement de nos demeures.

I

L'hérédité par laquelle un individu transmet à sa descendance ses caractères innés ou acquis est une des manifestations de la vie.

C'est un fait propre au monde des êtres organisés et vivants, tant animaux que végétaux.

Tandis que, dans le règne inorganique ou minéral, l'uniformité de composition est la règle pour un même corps, une certaine variabilité dans la quantité, la qualité et la distribution des éléments constituants d'une plante donnée est générale dans le monde des végétaux.

Et c'est par le fait de l'hérédité que les variations survenues dans les végétaux se transmettent, ainsi que les caractères primordiaux de la race, aux générations successives.

Exposer les manifestations diverses de l'action de l'hérédité, ses lois, ses effets, ce serait dresser un tableau général de la végétation à travers les temps et à travers l'espace. L'écrivain le plus savant, le botaniste le plus éloquent, seraient fort au-dessous de cette tâche. A plus forte raison est-elle mille fois trop lourde pour un simple jardinier. On me permettra de me borner à effleurer les aspects les plus simples et les plus familiers de la question.

Placé entre le monde inorganique et le règne animal, le règne végétal a pour fonction essentielle de faire entrer les élément inorganiques du premier dans des combinaisons que le dernier puisse utiliser. En un mot, il sert par-dessus tout à mettre le règne minéral à la disposition du règne animal, pris dans son sens le plus vaste, c'est-à-dire comprenant l'homme.

Et pour lui, ce n'est pas seulement comme aliments, mais comme textiles, comme matériaux de construction, comme médicaments, comme parfums et comme objets d'agrément de toute sorte, que le règne végétal est la source des produits les plus divers.

Or il est évident que les plantes, considérées comme productrices — ou transformatrices — de substances utiles ou agréables à l'homme, sont susceptibles de plus ou de moins dans la manière dont elles accomplissent leur fonction. Elles sont perfectibles. Et c'est par l'hérédité que se transmettent d'une génération à la suivante les aptitudes de plus en plus grandes à exercer leur fonction spéciale.

En dehors même de l'action de l'homme, les plantes sont capables de se modifier dans une certaine mesure, suivant les circonstances. Par cela même que le végétal est de sa nature immobile et fixé au sol qui le porte et le nourrit, il faut qu'il soit doué de la faculté de s'adapter jusqu'à un certain point aux conditions de vie qui lui sont imposées.

Tous, nous avons vu une plante née d'une graine que le vent ou quelque oiseau avait jetée sur un mur, sur la pente d'un rocher, dans la fente d'une construction, s'y développer et y vivre en dehors des conditions habituelles de son existence. Si nous avions pu pénétrer dans les détails intimes de son organisation, nous y aurions constaté de légères variations plutôt appelées que directement produites par la nouveauté de la situation et tendant à donner à la plante des caractères nouveaux lui permettant de vivre et de se reproduire dans des conditions non ordinaires.

Et dans le cas d'une plante dépaysée, soit en latitude, soit en altitude, la continuité de l'action d'un milieu spécial amène une continuité de la modification des caractères qui, s'ajoutant à la transmission par l'hérédité des changements déjà réalisés, finit par constituer une race locale bien distincte, assez fixe et assez caractérisée pour mériter une place spéciale dans la classification des végétaux.

Mais, qu'on le remarque bien, tant que la plante vit à l'état purement sauvage, les modifications survenues dans sa structure n'ont chance de se perpétuer qu'autant qu'elles constituent pour elle un avantage dans la lutte pour l'existence. Étant donné le nombre de semences répandues sur la terre, en quantité incomparablement supérieur à celui des plantes qui peuvent vivre simultanément à sa surface, il faut que les mieux douées se développent et prospèrent au détriment des autres. Dans les plantes annuelles, celles qui se perpétueront seront celles qui le plus promptement et le plus sûrement auront mûri et répandu leurs graines; dans les plantes vivaces et dans les arbres et arbustes, les individus qui se seront emparés de la meilleure place et qui s'y maintiendront le plus obstinément contre les concurrents et contre toutes les causes de destruction, défendant leur situation acquise et faisant même des sorties par des drageons, des rameaux enracinés ou des tiges souterraines. Mais toujours la plante agira en égoïste, et la qualité qui lui vaudra le succès sera une qualité qui lui profite à elle-même ou à sa descendance. Car ces qualités sont transmissibles, et les enfants héritent des aptitudes acquises par les parents.

Quand l'homme paraît, tout change. Jetant dans la lutte l'appoint de son intelligence, de sa force et de sa volonté, il en bouleverse les conditions et peut donner la victoire à la plante la plus faible et la moins bien douée, s'il la juge préférable au point de vue de son utilité ou de son agrément.

Sous son influence, toute modification dans la structure ou dans les caractères de la plante peut devenir héréditaire et permanente, parce que, protégeant et soignant la plante de son choix, il supprime, d'une part, les dangers que lui ferait courir la concurrence des autres plantes et pourvoit, d'autre part, à tous ses besoins dans une mesure aussi large qu'il le juge utile.

Toute différente est donc la vie de la plante à l'état sauvage ou soumise à culture. Dans le premier cas, elle ne doit rien attendre que d'elle-même; les variations qui peuvent se produire chez elle disparaissent ordinairement dès leur apparition, à moins qu'elles ne constituent pour l'individu un avantage au point de vue de la nutrition ou de la reproduction. Dans l'état de culture, au contraire, tout changement que l'homme estime utile ou agréable a des chances de devenir un caractère nouveau et fixe, s'il se transmet par le semis. La conservation de la plante qui a montré la première un caractère nouveau est assurée par l'intervention de l'homme. C'est maintenant à l'hérédité et à la sélection à faire en commun leur œuvre de fixation de ce caractère, pour aboutir à la création d'une race.

On voit par là combien peut être étendu le cercle des variations des plantes cultivées, par comparaison avec les plantes spontanées.

Par quelques exemples, je vais essayer d'en donner une idée.

Dans le nord de l'Afrique existe encore, à l'époque actuelle, une sorte de grand chardon à longues feuilles pennées, à fleurs ou plutôt à groupes de fleurs volumineux, chaque fleurette s'insérant sur un disque épais et large environ comme une pièce de cinq francs.

La qualité charnue et la saveur agréable et fine du fond de la fleur ont été vite remarquées des indigènes, comme chez nous la nature comestible du réceptacle de certains gros chardons est parfaitement appréciée des petits bergers et enfants de la campagne. L'épaisseur et le bon goût des larges côtes des feuilles n'ont pas échappé non plus à l'observation. La plante a été cultivée, s'est développée de plus en plus dans un sol plus riche et sous l'influence d'une nourriture plus abondante, et, la spécialisation intervenant, c'est-à-dire la tendance à développer les plantes dans le sens d'une production principale, à laquelle le reste est sacrifié plus ou moins complètement, on a obtenu, d'une part, l'artichaut, dont les têtes pèsent parfois un kilogramme et plus, tandis que les feuilles en sont un légume médiocre, et, d'autre part, le cardon, dont les côtes blanchies fournissent un des légumes d'hiver les plus abondants et les plus délicats, mais dont les fleurs ne sont guère plus développées que celles de la plante sauvage. Voilà donc, sorties du même type primitif, deux plantes assez différentes pour que le langage les ait distinguées, comme le cuisinier, et différentes parce que l'action de l'homme a développé ici un organe et là un autre, notant à leur apparition, conservant avec soin et accumulant, grâce à l'hérédité, les changements progressifs de volume de l'organe à développer.

Cherchons, plus près de nous, un autre exemple. Sur nos côtes maritimes se rencontre une plante vivace, à courtes tiges rampantes, à feuilles triangulaires disposées en rosettes, plante que le

Fig. 1. — Betterave rouge naine très foncée.   Fig. 2. — Betterave rouge noire plate d'Égypte.

promeneur ne remarque guère et que le botaniste lui-même, n'était l'aspect de ses graines, hésiterait à reconnaître pour la

 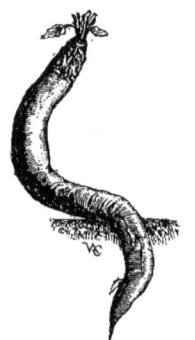

Fig. 3. — Betterave jaune globe.   Fig. 4. — Betterave Disette corne-de-bœuf.

proche parente des betteraves de nos champs et de nos jardins. C'est cependant plus que leur parente : c'est leur ancêtre.

De la plante sauvage sont sorties, au gré des préférences des cultivateurs et des jardiniers :

Les betteraves potagères, à racine charnue, longue, ovoïde,

Fig. 5. — Poirée blonde à carde blanche.

Fig. 6. — Chou express.

Fig. 7. — Chou d'York petit hâtif.

Fig. 8. — Chou Quintal.

Fig. 9. — Chou de Milan gros des Vertus.

Fig. 10. — Chou de Milan petit hâtif d'Ulm.

ronde ou plate, à chair jaune ou rouge, à feuillage variant du vert franc au violet noir le plus intense (fig. 1 et 2);

Les betteraves fourragères, aussi variées de formes et plus variées de couleur que les betteraves potagères (fig. 3 et 4);

Les betteraves à sucre, dans lesquelles les principes colorants de la plante ont été éliminés à peu près complètement, mais où la qualité sucrée a été portée à son maximum d'intensité ;

Fig. 11. — Chou de Milan court hâtif.

Enfin les poirées ou bettes, à racines fourchues et fibreuses, mais à feuilles très amples et surtout à côtes larges et charnues,

Fig. 12. — Chou à grosse côte frangé.

donnant à la plante son mérite, soit alimentaire, soit purement ornemental (fig. 5).

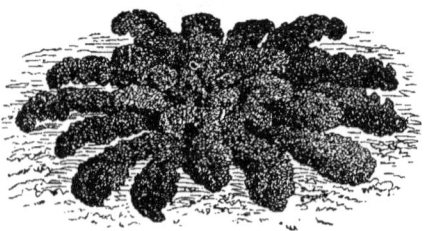 

Fig. 13. — Chou frisé à pied court.   Fig. 14. — Chou de Bruxelles demi-nain.

Voilà encore une plante spontanée, d'où l'homme, en développant ici les feuilles, là les racines, a tiré deux légumes bien distincts.

Mais il est un troisième exemple plus familier à chacun que les deux autres, et que vous ne me pardonneriez pas de passer sous

Fig. 15. — Chou moellier. Fig. 16. — Chou-rave blanc hâtif de Vienne.

silence ; nous le trouvons dans la série si remarquablement différenciée des choux cultivés (fig. 6 à 14).

Considérez les choux à vaches, les choux à feuilles frisées, les

Fig. 17. — Chou-navet blanc. Fig. 18. — Chou-navet rutabaga Champion.

choux pommés, les choux de Bruxelles, les choux à grosses côtes. Quelle différence d'aspect de l'un à l'autre par la variation des dimensions, de la forme, de la disposition des feuilles !

Regardez maintenant les choux moelliers et les choux-raves.

C'est sur la tige que se sont portées les modifications fixées par l'hérédité (fig. 15 et 16).

Elles peuvent aussi atteindre la racine, et nous trouvons alors les choux-navets et les rutabagas, renflés au-dessous du sol, comme le chou-rave l'est au-dessus (fig. 17 et 18).

Les déformations du chou vont-elles s'arrêter là? Non, certes!

Fig. 19. — Chou brocoli branchu violet.

Après les organes de la végétation, ceux de la floraison et de la fructification vont nous montrer d'autres exemples de ce que peut la patience de l'homme s'attachant à obtenir de nouveaux produits (fig. 19, 20 et 21).

Fig. 20. — Chou-fleur Lenormand à pied court.   Fig. 21. — Chou brocoli blanc hâtif.

Les pousses qui porteront au printemps les fleurs et les graines du chou sont tendres et d'un goût agréable, étant cuites. A force de choisir les individus à jets épais et charnus, on est arrivé à constituer les races si distinctes des autres choux, que l'on nomme choux-fleurs quand ils se cultivent dans le cours d'une seule saison, et brocolis quand ils sont assez rustiques pour passer nos hivers en pleine terre.

Enfin, la graine du chou elle-même est utilisée dans l'industrie ; c'est, ou du moins c'était jusqu'à ces dernières années, une des grandes sources de l'huile d'éclairage. Une race spéciale de chou le produit plus abondamment que toutes les autres, c'est le colza, qui est le plus rustique de tous et en même temps le plus voisin, par ses caractères de végétation, du chou sauvage.

Car le chou, comme la betterave, est indigène de notre pays et se trouve encore de temps en temps sur nos falaises de l'Ouest, de sorte qu'en le comparant aux races cultivées, on peut mesurer facilement le chemin parcouru par le travail de l'homme s'appuyant sur l'hérédité.

II

C'est à dessein que j'ai voulu mettre sous vos yeux des exemples frappants de la diversité des caractères héréditaires dans une même plante avant d'examiner avec vous de quelle façon l'hérédité agit dans les plantes.

Et d'abord, faisons une distinction importante :

L'hérédité n'intervient que là où il y a reproduction par graines. Ailleurs, dans la multiplication par boutures, marcottes, rejets, coulants, division de bulbes ou de touffes, il y a propagation et extension d'un même individu, il n'y a pas filiation.

Dans la transmission des caractères qui se fait d'une plante ayant porté graine à la plante issue de cette graine, l'hérédité a son rôle à jouer, et ce rôle n'est pas toujours aussi simple qu'on peut l'imaginer.

On ne doit pas en être étonné, si l'on réfléchit à ce qu'est la graine.

En effet, la graine est un bourgeon d'une nature spéciale, qui concentre en elle tous les caractères de la plante d'où elle est issue, et qui, après un intervalle de repos plus ou moins long, se développera en un nouvel individu semblable à celui qui lui a donné naissance.

Mais toutes les graines d'une même plante ne sont pas rigoureusement semblables entre elles. Elles diffèrent surtout lorsque la plante qui les a portées est de race mêlée ou qu'elle a subi ou est en train de subir des modifications par l'action du milieu où elle vit. Les divers caractères qui entrent dans sa composition s'impriment inégalement dans les diverses graines et se reproduisent en combinaisons diverses dans les plantes issues de ces graines.

Un exemple fera bien comprendre cette proposition, d'apparence un peu abstraite.

On sait que, dans les pois, il existe des races à grain blanc et d'autres qui, même à la maturité, ont le grain vert.

Or, cette année, en examinant des pois obtenus par croisement d'une race à grain vert avec une race à grain blanc, j'ai fréquemment trouvé dans la même cosse des grains de couleurs différentes. Ce caractère de couleur, facilement appréciable à l'œil, permet de conclure que tous les grains d'une même plante ne sont pas nécessairement semblables entre eux ni doués exactement des mêmes facultés de reproduction.

Mais c'est envisager un cas un peu compliqué que de nous occuper tout d'abord de la transmission des caractères dans la descendance de deux races distinctes combinées par le croisement.

Voyons d'abord comment l'hérédité agit en ligne simple et directe.

Mon père, qui a fait de l'étude des manifestations de l'hérédité un des principaux objets de ses travaux, en a bien défini la nature et le mode d'action :

« Si nous considérons une graine au moment où, mise en terre, elle va donner naissance à un nouvel individu, nous pouvons la regarder comme sollicitée, quant aux caractères que devra présenter la plante qui doit en naître, par deux forces distinctes et opposées.

« Ces deux forces, qui agissent en sens contraire et de l'équilibre desquelles résulte la fixité de l'espèce, peuvent être considérées ainsi qu'il suit :

« La première, ou force centripète, est le résultat de la *loi de ressemblance des enfants aux pères* ou *atavisme;* son action a pour résultat de maintenir dans les limites de variations assignées à l'espèce les écarts produits par la force opposée.

« Celle-ci, ou force centrifuge, résultant de la *loi des différences individuelles* ou d'idiosyncrasie, fait que chacun des individus composant une espèce, bien qu'on puisse la considérer comme la descendance d'un individu (ou d'un couple) unique, présente des différences qui constituent sa physionomie propre et produisent cette *variété infinie dans l'unité* qui caractérise les œuvres du Créateur.

« Nous venons d'abord, pour plus de simplicité, de considérer l'atavisme comme constituant une force unique ; mais si l'on y réfléchit, on verra qu'il présente plutôt un faisceau de forces agissant à peu près dans le même sens, et qui se compose de l'appel ou de l'attraction individuelle de tous les ancêtres. Or, pour faciliter l'intelligence de l'action de cette force, il nous faudra considérer d'abord et d'une manière abstraite la force de ressemblance à la masse des ancêtres, qui pourra être considérée comme l'attraction du type de l'espèce, et à laquelle nous réservons le nom d'atavisme; puis, séparément et d'une manière plus spéciale, l'attraction ou la force de ressemblance au père direct, ou *hérédité*, qui, moins puissante mais plus prochaine, tendra à perpétuer dans l'enfant les caractères propres du parent immédiat.

« Tant que le père ne s'est pas éloigné d'une manière sensible du type de l'espèce, ces deux forces agissent parallèlement et se confondent, et les variations qui peuvent survenir dans ce cas par l'effet de la loi d'idiosyncrasie peuvent se présenter indifféremment dans toutes les directions, sans en affecter plus particulièrement aucune.

« Il n'en est plus de même quand le père direct s'est éloigné notablement du type; la force de ressemblance au père direct se combinant alors avec celle de variations individuelles, il en résulte un excès de déviation dans le sens de la résultante de ces deux forces ou, si on l'aime mieux, les variations nouvelles rayonnent alors non plus autour du type comme centre, mais autour d'un point placé sur la ligne qui sépare le type de la première déviation obtenue.

« D'après les considérations qui précèdent, on voit qu'un des points qu'on doit considérer comme des plus essentiels consiste à lutter le plus efficacement possible contre la force que je viens de désigner par le nom d'*atavisme*. Or cette force, moins directe en quelque sorte que celle de la ressemblance au parent immédiat, agit peut-être avec plus de persistance. Si une nouvelle comparaison empruntée aux lois de la mécanique m'était ici permise, je dirais qu'elle doit à son origine éloignée de ne décroître que d'une manière presque insensible pendant le petit nombre de générations sur lesquelles l'homme peut exercer son influence, tandis que la décroissance de l'autre force (celle de la ressemblance au père direct) marche en progression géométrique. »

De nombreuses expériences spéciales et une pratique extrêmement étendue de la production et de la fixation des races végétales ont permis à mon père de contrôler cent fois l'exactitude des idées ainsi formulées dès l'année 1851.

Parmi ces expériences, l'une des plus curieuses est celle qui a été poursuivie sur le grand lupin (*Lupinus hirsutus*), de 1856 à 1860.

Elle avait pour objet d'arriver à une évaluation approchée de la puissance relative des forces décrites plus haut, par l'observation de la proportion relative de plantes à fleurs bleues et à fleurs roses dans une espèce qui ne présente jamais que ces deux couleurs et où l'absence de fécondation croisée, chaque fleur se suffisant à elle-même, permet de suivre la filiation des individus successifs dans les conditions les plus parfaites de simplicité. Le jeu de l'hérédité y est des plus faciles à observer, chaque individu étant la descendance d'une seule plante à chaque génération précédente et non pas celle d'un nombre d'ancêtres doublant à chaque étape, comme dans les végétaux, où deux individus interviennent pour la production de la graine. Ces conditions permettant de graduer pour ainsi dire à volonté les forces en présence, l'expérience a porté sur la descendance de plantes choisies dans les conditions d'origine les plus diverses, bleues ou roses, depuis un très grand nombre de générations, ou, au contraire, sorties depuis un, deux ou trois ans seulement d'un lot de couleur différente.

De ces observations se sont dégagés un certain nombre de faits qu'il serait prématuré d'appeler *règles*, mais qui s'accordent bien avec ce qu'on observe en général. On a constaté :

1° Une tendance très marquée des plantes à reproduire les caractères de leur ascendant immédiat. C'est l'effet de l'*hérédité directe;*

2° Une tendance moins forte, mais beaucoup plus persistante, à ressembler à la masse des ancêtres éloignés. C'est celle dont il a été parlé sous le nom d'*atavisme;*

3° Un affaiblissement rapide de la tendance à reproduire les caractères d'un ascendant qui n'est pas l'auteur immédiat de la plante, si ces caractères ne sont pas ceux de la masse des ancêtres.

On ne saurait tirer de là une évaluation mathématique de la puissance comparée des diverses forces qui agissent sur la transmission des caractères dans les plantes; les phénomènes dans lesquels interviennent les forces vitales ne sont pas de ceux qui se laissent réduire en formules chiffrées, mais au moins cette expérience peut-elle indiquer des probabilités et servir de guide dans la fixation des races cultivées.

Le fait capital, c'est l'existence d'une tendance chez les végétaux à reproduire les caractères de l'individu qui leur a donné naissance.

C'est là le point d'appui du levier le plus puissant dont l'homme dispose pour améliorer, c'est-à-dire pour adapter à ses besoins ou à ses goûts les plantes qu'il cultive.

Ce levier, c'est la sélection.

III

Bien des gens parlent de la sélection sans avoir la moindre notion de ce que c'est, et cette ignorance n'est pas sans ajouter quelque chose à leur respect pour une puissance si mystérieuse. Pour l'ensemble du public, la sélection est une opération technique, comme le bouturage ou le repiquage, et on lui attribue volontiers des effets extraordinaires et quelque peu magiques.

Ce n'est rien de tout cela. La sélection est purement et simplement la détermination et le choix, parmi un certain nombre de plantes d'une même race, de celles qui seront affectées à la reproduction comme devant donner ou ayant plus de chances que les autres de donner une progéniture satisfaisante.

En un mot, c'est l'admission des plus dignes seulement à la fonction de la reproduction et la suppression de tous les individus défectueux ou inférieurs.

Rien n'est plus simple en principe. Rien en pratique n'est plus délicat et ne demande plus de savoir-faire, d'observation, de tact et de sagacité.

On ne saura jamais le nombre de bonnes variétés de plantes de toute sorte qui ont été gâtées par des gens déterminés à les améliorer, ni le temps, la peine et le travail dépensés à fixer des variations insignifiantes et absolument sans valeur.

Il n'y a peut-être pas de branche de l'activité humaine où le sens commun soit appelé à jouer un rôle plus capital et où, tout au contraire, on s'affranchisse plus communément et plus complètement de l'obligation de le consulter.

Les variations se produisent dans les plantes spontanément ou sous l'influence de conditions spéciales de culture.

Dans le premier cas, le rôle du cultivateur intelligent et sensé consiste à les observer, à apprécier le mérite que pourrait avoir au point de vue utilitaire ou ornemental une race de plantes régulièrement douée du nouveau caractère qui s'est manifesté et à propager la variété nouvelle par le procédé le plus efficace.

Comme je ne m'occupe pas ici de l'obtention des nouveautés, mais de la formation des races par l'hérédité, je dirai seulement en passant que, si la plante en question est vivace ou ligneuse, la division, la greffe et les procédés analogues offrent le meilleur moyen de la multiplier.

La propagation par graines, qui entraîne la fixation d'une véritable race, n'est réellement pratique que pour les végétaux annuels ou bisannuels au point de vue de la fructification, dont les générations successives se répètent tous les ans ou tous les deux ans. Dans ce procédé de reproduction, les individus qui ne se montrent pas pourvus des caractères distinctifs de la race sont exclus, et ceux-là sont admis à fructifier qui ont fidèlement hérité des traits particuliers qui font la race en formation. De la sorte, et graduellement, les générations nouvelles acquièrent la qualité d'être *bonnes reproductrices*, ce qui est un don héréditaire comme les autres particularités extérieures, et quand cette qualité de transmission régulière est acquise et confirmée, la race est définitivement et solidement fixée.

Beaucoup de nos vieilles races de légumes et de fleurs possèdent une stabilité et une constance de reproduction qui témoignent d'une persévérance et d'un esprit de suite admirables chez ceux de nos ancêtres qui les ont façonnées. Après des siècles, elles rendent hommage à la lucidité de l'esprit et à la fermeté de la main qui leur a imprimé un semblable cachet de durée et d'uniformité.

J'ai dit que les variations se produisaient aussi sous l'influence de la culture. C'est le plus souvent le cas, soit que l'abondance de la nourriture, le changement d'époque de semis, très souvent le dépaysement des espèces, donnent lieu à des variations non pas nécessairement forcées, mais plutôt provoquées par le changement d'habitudes et de milieu, soit surtout parce que, dans les cultures, le grand nombre d'individus réunis et la surveillance continue de l'homme donnent une plus grande chance aux variations d'être remarquées quand elles se produisent.

Souvent elles sont désirées et attendues dans une direction déterminée. C'est le cas, lorsque le cultivateur a en vue le développement d'une faculté ou d'une qualité spéciale dans une plante qui en a un certain germe ou qui paraît de nature à l'acquérir.

C'est ainsi que l'observation d'un léger goût sucré dans la racine de la betterave sauvage de nos côtes a amené nos pères à en faire un légume agréable et a préparé plus tard à d'autres races sorties de la même origine des destinées industrielles capables de passionner les peuples et les gouvernements.

Laissez-moi vous raconter quelques épisodes de la création d'une race de betteraves qui porte le même nom que moi, mais dont je ne suis pas l'auteur, quoique je sois l'aîné des deux.

Je n'avais pas dix ans quand mon père a commencé à s'occuper de la formation d'une race de betteraves à sucre, plus riches que celles dont les cultivateurs et les fabricants du sucre faisaient alors usage. Je me rappelle encore les vases pleins de liquide sucré, de densités graduées, qui servaient à déterminer le poids spécifique de petits fragments pris sur les racines à essayer, vases dans lesquels j'allais plonger parfois un doigt curieux et gourmand.

Puis le sel a été substitué au sucre dans les solutions, puis le jus lui-même a été pesé au densimètre, puis à la balance hydrostatique, puis enfin essayé au polarimètre. Or tous ces divers procédés n'avaient qu'un seul but, reconnaître la richesse en sucre de chaque racine prise séparément et permettre de choisir les meilleures pour la reproduction. Ce n'est pas avec le procédé le plus primitif que les progrès ont été le moins remarquables.

En fait, quand on s'occupe de sélection, le point important c'est d'apprécier justement les individus entre lesquels on a à choisir, et les discussions sur le mérite des divers procédés me semblent, dans une large mesure, oiseuses. Le meilleur procédé, c'est celui au moyen duquel l'opérateur arrive aux résultats les plus concluants. Vouloir lui en imposer un plutôt qu'un autre, c'est vouloir obliger un peintre à ne travailler qu'avec des pinceaux d'une certaine forme et d'un certain calibre. Qu'importe, pourvu qu'il fasse une belle œuvre!

Par les procédés que j'ai dits, la betterave améliorée Vilmorin (fig. 22) a été amenée en quelques générations à revêtir une forme, une apparence et à présenter une composition remarquablement constantes et semblables à elles-mêmes. Répandue et reproduite partout où l'on fait du sucre de betterave, elle est devenue un type familier à tous les fabricants.

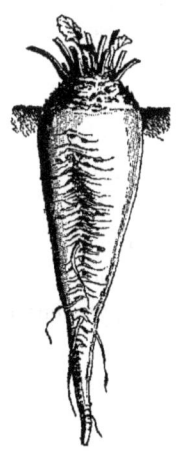

Fig. 22. — Betterave blanche à sucre améliorée Vilmorin.

D'où est venu ce succès si rapide et si complet dans la fixation des caractères choisis? Uniquement de la méthode suivie dans la sélection des porte-graines.

Deux choses absolument capitales sont à observer si l'on veut faire de la bonne sélection :

D'abord, cultiver les plantes sur lesquelles elle s'exercera dans des conditions telles qu'elles se développent librement et puissent manifester leurs qualités et leurs défauts;

Ensuite, faire les choix dans une direction constante.

Je n'aurais pas besoin de développer ces deux propositions, si les choses les plus simples n'étaient pas souvent celles qui sont le moins comprises.

La conception la plus élémentaire de ce qu'est l'hérédité devrait suffire à faire comprendre que, pour assurer la transmission d'un caractère quelconque dans une race de plantes, il faut d'abord pouvoir en constater l'existence. Or on ne peut porter un jugement valable sur les aptitudes et les tendances d'une plante que si elle s'est formée dans des conditions qui lui permettent de se manifester librement, avec ses qualités et ses défauts.

On n'obtiendra pas d'une plante de prendre l'habitude de développer des racines longues et lisses en la faisant croître dans un tube de verre, les modifications accidentelles ou forcées ne se reproduisent pas, mais on y arrivera si, cultivant la plante dans un milieu où ses racines peuvent s'étendre dans tous les sens, on écarte de la reproduction tous les individus à racines fourchues et qu'on fasse souche seulement avec ceux qui ont la tendance évidente à développer des racines droites et nettes; et cette tendance se manifeste par l'absence de production de ramifications dans des conditions qui permettaient cette production.

Si l'on a mis les plantes à choisir dans des conditions telles que leurs défauts ne puissent pas se manifester, on ne peut plus faire de la sélection parmi elles, puisque les éléments d'appréciation font défaut.

L'autre recommandation n'est pas moins importante. Pour fixer un caractère nouveau dans une race, il faut toute la puissance de l'hérédité directe, opposée à celle de l'atavisme ou ressemblance aux ancêtres éloignés. Or nous avons vu que la puissance de l'hérédité est prédominante, mais fugitive, celle de l'atavisme durable et s'atténuant lentement par le fait du temps. Il faut donc que l'hérédité agisse aussi fortement que possible en accumulant son influence. Ce sera le cas si les caractères ont été bien fidèlement les mêmes dans les générations qui se sont succédé depuis que la race est en formation. L'hérédité agira alors en ligne droite et aura son maximum d'intensité, toutes les générations sollicitant dans le même sens leur descendance à leur ressembler; mais si, au contraire, les choix ont été faits dans des sens un peu divergents, l'hérédité agira d'une façon décousue et comme si elle tirait sur une ligne en zigzag. Il est visible que, dans ce cas, il y a beaucoup de force perdue, que l'action exercée sur la génération nouvelle n'est plus la somme mais la résultante des forces héréditaires, résultante qui sera d'autant plus affaiblie que les divergences entre les caractères des générations précédentes auront été plus considérables. Et profitant de cet affaiblissement, l'atavisme, qui ne s'endort jamais, ramènera la plante à ses caractères primitifs. Voilà comment des choix mal faits amènent souvent la dégénérescence des races.

Conserver, propager, améliorer vraiment les races végétales, c'est un travail qui demande des connaissances précises, de la persévérance, du tact et beaucoup d'ordre et de conscience. Il y a tout avantage à le laisser aux mains de ceux dont c'est le métier et qui ont les traditions et les points de repère nécessaires pour le bien faire. J'en excepte le cas de l'amateur qui s'attache à une seule race et qui, ayant du loisir, de l'intelligence et du bon sens, devient en forgeant aussi bon ouvrier que les forgerons de métier.

IV

Nous nous sommes occupés uniquement jusqu'ici de l'hérédité en ligne simple et directe. Mais qu'adviendra-t-il si un végétal est le produit combiné de deux individus de races distinctes?

Il y a ici plusieurs cas à distinguer.

S'il est le produit de deux plantes appartenant à des espèces vraiment distinctes et légitimement séparées par les botanistes, il sera stérile ou d'une fertilité si limitée qu'on peut dire qu'il ne fera pas souche. Il n'y a donc pas à s'occuper de son héritage; dans les lois naturelles comme dans les lois humaines, il n'y a de succession qu'entre proches parents.

Si, au contraire, le croisement a eu lieu entre végétaux de la même espèce, mais de races différentes, il y a fusion et combinaison des caractères, parfois exagération de certains d'entre eux, tout cela dans des proportions impossibles à prévoir exactement.

C'est là le croisement proprement dit ou métissage, qui est une des sources les plus fréquentes de variation dans les plantes cultivées et même dans les végétaux sauvages. En horticulture, il est d'un emploi constant pour provoquer les variations. C'est en effet un moyen merveilleux de simplicité et de rapidité pour faire passer dans une race des qualités spéciales, résultat accumulé de conditions extérieures de vie, d'aptitudes développées par la sélection ou de caractères fortuits existant dans une autre race. C'est encore le moyen de grouper dans une même plante des caractères épars dans diverses races, pourvu qu'ils ne soient pas contradictoires et incompatibles. La fécondation croisée a en effet ce résultat inexpliqué, mais bien constaté, d'émietter pour ainsi dire les caractères des plantes qui y sont intervenues et de les grouper dans les diverses graines résultant du croisement en combinaisons et en proportions très variables. Il y a de cela mille exemples. J'ai réussi à le faire pour un blé, le *Dattel*, qui, provenant d'une variété trop courte de paille et d'une autre trop tardive et trop grande, a pris de la première tous les caractères qui étaient à garder et de la seconde assez de hauteur de paille et de vigueur générale pour augmenter encore les bonnes qualités héritées de l'autre parent.

Seulement il ne faut pas s'imaginer, comme beaucoup trop de gens le font, qu'on a créé une race nouvelle parce qu'on a obtenu par croisement un gain qui donne de belles promesses. On a seulement taillé, il faut coudre maintenant.

Or, après un croisement comme dans le cas de variations lentes sous l'influence du milieu, il faut qu'une attention soutenue et une constance de direction parfaite président à la sélection des reproducteurs. Il arrive qu'une forme nouvelle obtenue de semis après croisement présente d'emblée la fixité d'une vieille race, mais c'est l'exception et l'on n'a pas le droit d'y compter : pour mettre toutes les chances de son côté, alors surtout qu'on veut offrir la race nouvelle au public, il faut éprouver sa fixité et sa constance par plusieurs années de culture, qui sont généralement nécessaires au demeurant pour la multiplier suffisamment.

C'est donc la sélection qui a le dernier mot dans l'œuvre du perfectionnement des races, et non pas les procédés de culture qui accompagnent et parfois masquent son emploi. Il y a là un trompe-l'œil dont il faut se méfier. La vérité, c'est qu'on améliore une race, de quelque façon qu'on la cultive, pourvu que les exigences essentielles de la plante soient satisfaites, dès qu'on choisit convenablement les reproducteurs. On peut, au contraire, la laisser se détériorer au milieu des soins les plus surabondants, si le choix des porte-graines est fait sans suite et sans compétence. Les progrès que les races usuelles de plantes potagères font entre les mains des maraîchers de Paris tiennent principalement à la grande importance qu'ils attachent et au savoir-faire qu'ils apportent au choix des plantes conservées pour graine.

Nous sommes arrivés à une période de l'histoire de la terre où une si grande partie de la surface de notre globe est connue et explorée qu'il n'y a plus beaucoup à attendre, pour les pays tempérés surtout, de la découverte de plantes nouvelles. C'est donc à l'amélioration de celles qui sont déjà introduites que nous devrons demander les plus grands progrès dans l'avenir.

Eh bien, nous pouvons dire, pour l'encouragement des horticulteurs jaloux de s'illustrer par de nouvelles conquêtes de plantes utiles ou agréables, qu'il y a encore immensément à faire avant de toucher les limites des perfectionnements possibles de nos légumes et de nos fleurs. La multiplication des centres de cultures dans des pays restés jusqu'ici sauvages donnera lieu à de nouvelles races locales, qui s'échangeront de plus en plus avec celles des pays anciennement civilisés, comme l'Europe et l'Asie, et des croisements effectués entre ces races d'origines si diverses pourront sortir, au grand profit de nos enfants et de nos petits-enfants, des races nouvelles dont nous ne saurions nous faire une idée. Et ainsi, dirigeant cette grande force de l'hérédité soumise et pour ainsi dire asservie, l'homme en obtiendra, pour la satisfaction de ses besoins et de ses goûts, des services non moins utiles et non moins étendus que ceux qu'il exige de la vapeur et de l'électricité.

www.ingramcontent.com/pod-product-compliance
Lightning Source LLC
Chambersburg PA
CBHW060507200326
41520CB00017B/4935